ROLF REINICKE

STEINE
IN NORDDEUTSCHLAND

ZEUGEN DER EISZEIT

DEMMLER VERLAG

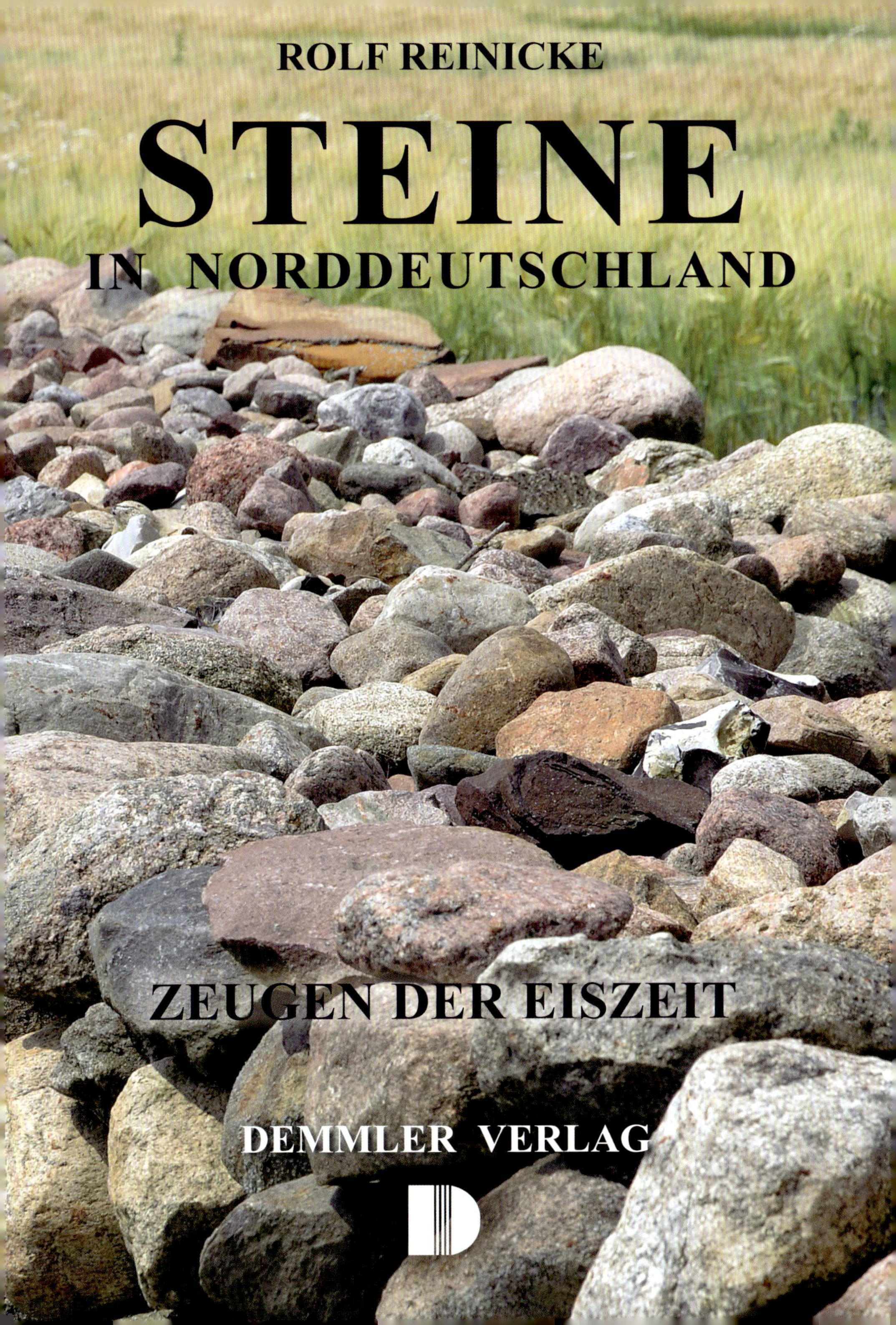

ROLF REINICKE

STEINE
IN NORDDEUTSCHLAND

ZEUGEN DER EISZEIT

DEMMLER VERLAG

Bibliographische Informationen
der Deutschen Nationalbibliothek:
Die Deutsche Nationalbibliothek
verzeichnet diese Publikation in der
Deutschen Nationalbibliographie.
Detaillierte bibliographische Daten
sind im Internet abrufbar unter:
http//dnb.ddb.de

Demmler Verlag GmbH
Rolf Reinicke
Steine in Norddeutschland
Texte, Fotos und Layout: Rolf Reinicke
Lektorat und Zeichnungen: Inge Reinicke
Grafiken: Matthias Reinicke
www.kuestenbilder.de

ROLF REINICKE
STEINE IN NORDDEUTSCHLAND
1. AUFLAGE 2012
ISBN 978-3-910150-96-6

An der Bäderstraße 7c
18311 Ribnitz-Damgarten
www.demmler-verlag.de

Gedruckt in Mecklenburg-Vorpommern:
Stadtdruckerei Weidner Rostock
www.druckerei-weidner.de
Printed in Germany

Titelfoto:
Findlinge vor mecklenburgischer
Feldlandschaft bei Neubrandenburg

Foto auf Seite 1:
Gebänderter Gneis
Sammlung Reinhard Braasch

Foto auf der vorhergehenden Doppelseite:
Feldsteinmauer bei Eixen

Foto auf dieser Doppelseite:
Findlingsmauerwerk an einer
mecklenburgischen Dorfkirche

Rücktitelfoto:
Feldstein-Stadtmauer in
Neubrandenburg

INHALT

STEINE IN NORDDEUTSCHLAND

GESCHIEBE ALS ZEUGEN DER EISZEIT

Feldsteine, Lesesteine oder eben einfach nur Steine nennt man jene Gesteinsbrocken unterschiedlichster Größe, die man überall in Norddeutschland findet. Die größten heißen **Findlinge**, weil man sich ihre Herkunft früher nicht erklären konnte. Am besten aber trifft die Bezeichnung **Geschiebe**, denn sie alle wurden tatsächlich hierher geschoben – vom Eis. Die meisten Geschiebe haben eine lange Reise hinter sich. Ihre Heimat liegt weit im Norden, in Skandinavien oder im Ostseeraum. Von dort gelangten sie mit dem Inlandeis zu uns. Sie sind die auffälligsten Zeugen der Eiszeit.

Einst lagen Geschiebe in riesiger Zahl überall in der norddeutschen Landschaft verstreut. Mühsam räumte sie der Mensch von seinen Äckern und Weiden. Später wurden sie zum begehrten Baumaterial; massenweise zu Straßenbelag, Fundamenten oder Mauern verarbeitet.

An der Oberfläche ist ihr „Umzug" heute fast abgeschlossen. Während sie in der freien Landschaft nur noch selten zu sehen sind, begegnen sie uns überall als schwergewichtige Dekoration in den Anlagen und Vorgärten. Und Millionen von ihnen liegen noch im Untergrund, direkt unter unseren Füßen.

Nicht nur Größe, Form und Farbe der Geschiebe beeindrucken, sondern auch die bemerkenswerte Vielzahl ihrer Gesteinsarten. Manche enthalten sogar Fossilien, Reste vorzeitlicher Tiere und Pflanzen. Von einigen weiß man sehr genau, woher sie kommen. Bei anderen bleibt die Herkunft im Dunkeln. Je mehr man sich mit ihnen beschäftigt, umso interessanter erscheinen sie.

Dieses für Laien gedachte Buch soll das Interesse an den Geschieben wecken. Es gibt einen kurzen Überblick über Entstehung, Herkunft, Schicksal, Vielfalt und Verwendung von Geschieben im Binnenland.

Foto:
Frisch aus einer norddeutschen Kiesgrube geborgene große Geschiebe

UNSERE EISZEIT

FORMUNG DER LANDSCHAFT

Von einer Eiszeit spricht man, wenn Teile unserer Erde mit Eis bedeckt sind. Demnach leben wir also heute in einer Eiszeit. Es ist zwar nicht die erste im Laufe der langen Erdgeschichte, sicher aber diejenige, die unser Leben auf vielfältigste Weise beeinflusst hat und noch immer beeinflusst.

„Unsere" Eiszeit (das Pleistozän) begann vor etwa zwei Millionen Jahren. Auch wenn es seither längere **Warmzeiten** mit Temperaturen ähnlich den heutigen gab, so war es doch zwischendurch mehrfach so grimmig kalt, dass sich die Eisdecken der Polargebiete und Hochgebirge zeitweise weit ausdehnten. In diesen **Kaltzeiten** bildete sich auch in den Gebirgen Skandinaviens ein gewaltiger Eispanzer, der sich als **Inlandeis** weit nach Süden schob.

Mehrmals wurde Norddeutschland von dieser gigantischen Eismasse überfahren, die bei ihrem ersten Vorstoß bis in die Randgebiete der Gebirge vordrang. Inlandeis und Schmelzwasserströme formten alle ebenen, flachwelligen oder hügeligen Areale der norddeutschen Landschaft. Heute bedeckt hier eine dicke Schicht eiszeitlicher Ablagerungen fast lückenlos den älteren Untergrund. Sie ist in vielen Gebieten über 50 Meter, in manchen sogar über 100 Meter mächtig, Unsere Städte, Dörfer und Verkehrswege sind darauf errichtet; Feldkulturen, Wiesen und Wälder wachsen auf ihnen.

Unsere norddeutsche Landschaft ist eine Eiszeitlandschaft. Die Geschiebe, um die es in diesem Buch geht, sind ihr interessantestes „Inventar".

Foto:
So ungefähr könnte es vor 15 000 Jahren irgendwo in Norddeutschland ausgesehen haben – Blick auf den Rand des abschmelzenden Inlandeises. (Das Bild zeigt den Rand eines Vorlandgletschers auf Island.)

DAS INLANDEIS
EIN GIGANTISCHES TRANSPORTBAND

Das Inlandeis war eine gigantische, bis zu 3 000 Meter mächtige, gleitende Eismasse. Jeweils viele Jahrtausende lang schob sie sich während der Vereisungen beständig von Skandinavien nach Süden. Auf seinem Weg nach Norddeutschland nahm dieser schürfende Eisstrom riesige Mengen von Material vom Untergrund auf – den über Jahrmillionen auf dem skandinavischen Festland und im heutigen Ostseegebiet angehäuften Verwitterungsschutt, Lockermassen, weichere und härtere Gesteine. All das zusammen wurde im Eis eingefroren, geschoben, gepresst, geschrammt, zerrieben… Auf manchem Geschiebe aus weicherem Gestein blieben davon deutliche Schrammen zurück.

Weiter im Süden schmolz das beständig vorrückende Eis – nicht nur an der Oberfläche, sondern auch an seiner Basis. Dabei hinterließ es Ablagerungen, die man **Moränen** nennt. Moränen entstanden auch, wenn das Eis schließlich am Ende einer Vereisung flächenhaft niedertaute. Auch die Schmelzwasserströme hinterließen ihre Ablagerungen – hauptsächlich die aus den Moränen ausgewaschenen Sande, die **Schmelzwassersande**.

Foto:
Auch so könnte es am Rand des Inlandeises ausgesehen haben: Beim Abschmelzen bleibt das im Eis eingebettete Lockermaterial zurück – darunter zahlreiche Geschiebe. (Das Bild zeigt den Rand eines Talgletschers auf Island.)

Kleines Foto:
Beim Eistransport geschrammter Kalkstein („gekritztes Geschiebe“)

Foto:
Endmoränenablagerungen in einer Kiesgrube bei Waren/Müritz

Foto im Kreis:
Geschiebemergel mit Geschieben
ø ca. 60 cm

MORÄNEN
EISZEITLICHE ABLAGERUNGEN

Am Grunde des Eises schmolzen die eingelagerten Feststoffe aus und bildeten dort eine stark wassergesättigte, plastische Grundmasse aus feinsten Ton- und Kalkpartikeln – **Mergel**. Weil darin auch Geschiebe aller Art und Größe eingelagert sind, nennt man ihn **Geschiebemergel**. Er enthält außerdem unterschiedliche Mengen von Schluff, Sand und Kies.

Der später durch Entwässerung verfestigte Geschiebemergel wurde also am Grunde des Eises gebildet und heißt daher **Grundmoräne**. Geschiebemergel ist die in Norddeutschland am weitesten verbreitete eiszeitliche Ablagerung. Da bei jedem Eisvorstoß eine Grundmoräne gebildet wurde, liegen oft auch mehrere Geschiebemergelschichten übereinander.

Geschiebemergel zeigt sich in unverändertem Zustand dunkelgrau, blaugrau oder grünlichgrau. An der Oberfläche ist er aber immer zu bräunlichem **Geschiebelehm** verwittert. Er bildet viele Ackerböden.

Auch am Eisrand entstanden Moränen – **Endmoränen**. Die hier abgelagerten Lockermassen wurden vom Schmelzwasser ausgewaschen. So blieb nur das Gröbere liegen – grober Sand, Kies und Geschiebe. Je länger der Eisrand in einer bestimmten Position verweilte, desto höher wurde auch die wallartige Endmoräne aufgeschüttet. Auf diese Weise entstanden die markanten Höhenrücken der norddeutschen Endmoränengebiete. Manche von ihnen sind besonders reich an Geschieben. Solche Ablagerungen sind in Kiesgruben gut aufgeschlossen.

FELDSTEINE

GESCHIEBE AUS DEM UNTERGRUND

Geschiebelehm, also verwitterter Geschiebemergel der Grundmoräne, bildet in weiten Gebieten Norddeutschlands die Basis des fruchtbaren Ackerlandes. Von ihm kommt auch die typische bräunliche Färbung des Bodens. Einst waren diese **Geschiebelehmböden** sehr steinige Äcker, denn zahlreiche Geschiebe lagen hier an der Oberfläche. Immer wieder wurden sie abgesammelt – und immer wieder lagen etwas später neue Steine auf den Feldern. Das führte zur Legende von den „wachsenden Steinen“. Natürlich wachsen die Geschiebe nicht im Boden, sondern kommen durch Frost und Bodenbearbeitung an die Oberfläche.

Weil sie über Jahrhunderte beständig abgesammelt wurden, sind inzwischen weite Flächen recht arm an Steinen. Lesesteinhaufen wie den abgebildeten sieht man nur noch selten. An einigen anderen Stellen aber gehört das „Steinelesen“ nach dem Winter noch immer zu den notwendigen Feldarbeiten. Manchmal stört auch ein größerer Findling und muss mit schwerer Technik geborgen werden.

Hat erst einmal der Regen den anhaftenden Boden von den Geschieben abgewaschen, erkennt man, wie viele verschiedene Gesteine auf einem solchen Feldsteinhaufen liegen.

Geologischer Schnitt (Schema) durch eiszeitliche Ablagerungen im Norddeutschland

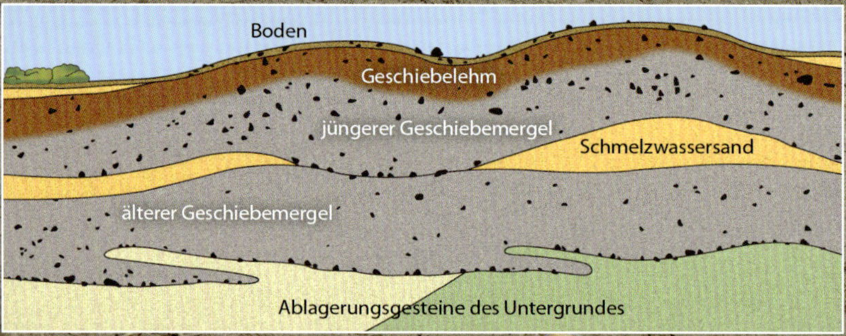

Foto im Kreis:
Geschiebelehm mit Geschieben
ø ca. 80 cm

großes Foto:
vorpommersche Feldlandschaft -
flachwellige Grundmoräne mit
typischem Geschiebelehmboden
und Feldsteinhaufen

GESCHIEBE
WO FINDET MAN SIE?

Geschiebe kann man prinzipiell in allen Gebieten Norddeutschlands finden, die einst vom Inlandeis bedeckt waren – also überall, wo es eiszeitliche Ablagerungen gibt. Die äußerste Grenze der Eisverbreitung ist auch die Grenze der Verbreitung von Feuerstein, der vom Eis aus dem südlichen Ostseeraum verfrachtet wurde. Dieses sehr häufige und leicht erkennbare Gestein kommt weiter südlich nur in eiszeitlichen Ablagerungen vor. Dort wo man Feuerstein im Süden Norddeutschlands findet, war also auch das Eis. Die genau kartierte **Feuersteinlinie** markiert somit die weiteste Verbreitung des Inlandeises.
Nicht an jeder Stelle des einst vom Eis bedeckten Gebietes aber liegen die Geschiebe an der Oberfläche. In den weiten Sandergebieten und Urstromtälern bedecken „steinfreie“ Ablagerungen die Moränen.

Die Häufigkeit von Geschieben in dem riesigen, einst mit Eis bedeckten Gebiet ist keinesfalls überall gleich. Während es beispielsweise hier und da beachtliche Konzentrationen an Findlingen gibt, sind solche Großgeschiebe in anderen Gebieten recht selten.
Sehr unterschiedlich ist auch die Art der Geschiebe, die man in den einzelnen Regionen findet. So brachte das Eis, das uns seine Moränen hinterließ, verschiedenartige Gesteine aus ganz bestimmten Gebieten mit – und lagerte sie auch an verschiedenen Stellen ab. So kommt es beispielsweise, dass man in Schleswig-Holstein manche Geschiebearten häufiger findet als in Mecklenburg-Vorpommern. Und in den Altmoränengebieten fehlen die Kalkgesteine. Sie fielen bereits der Verwitterung zum Opfer – sie wurden aufgelöst.

Foto:
große Geschiebe, geborgen vom Talboden des Trebeltales im Mecklenburg

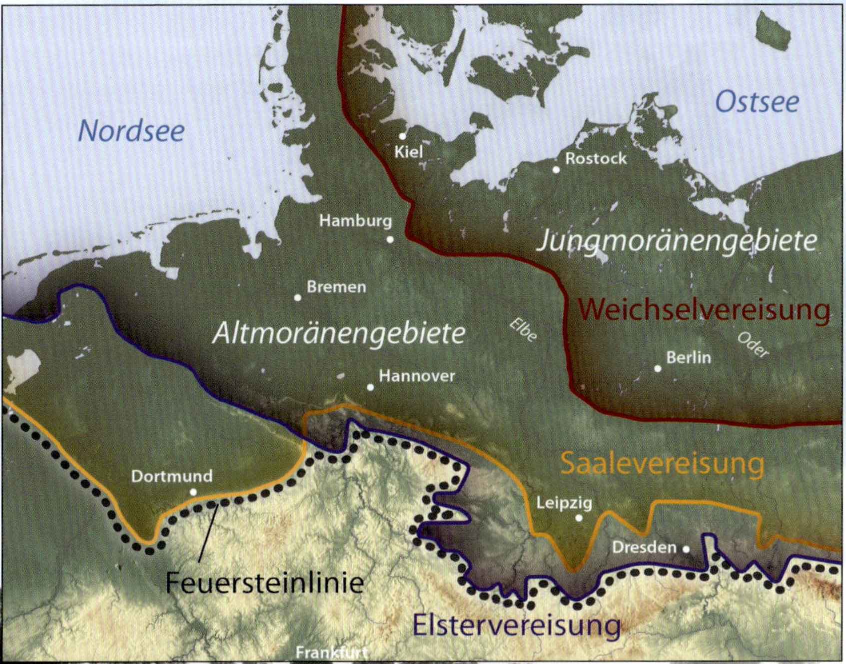

Karte:
maximale Ausdehnung des Inlandeises
während der drei großen Vereisungen
und die Feuersteinlinie

DIE GROSSEN VEREISUNGEN:
Weichselvereisung
vor 115 000 - 11 700 Jahren
Saalevereisung
vor 300 000 - 130 000 Jahren
Elstervereisung
vor 400 000 - 320 000 Jahren

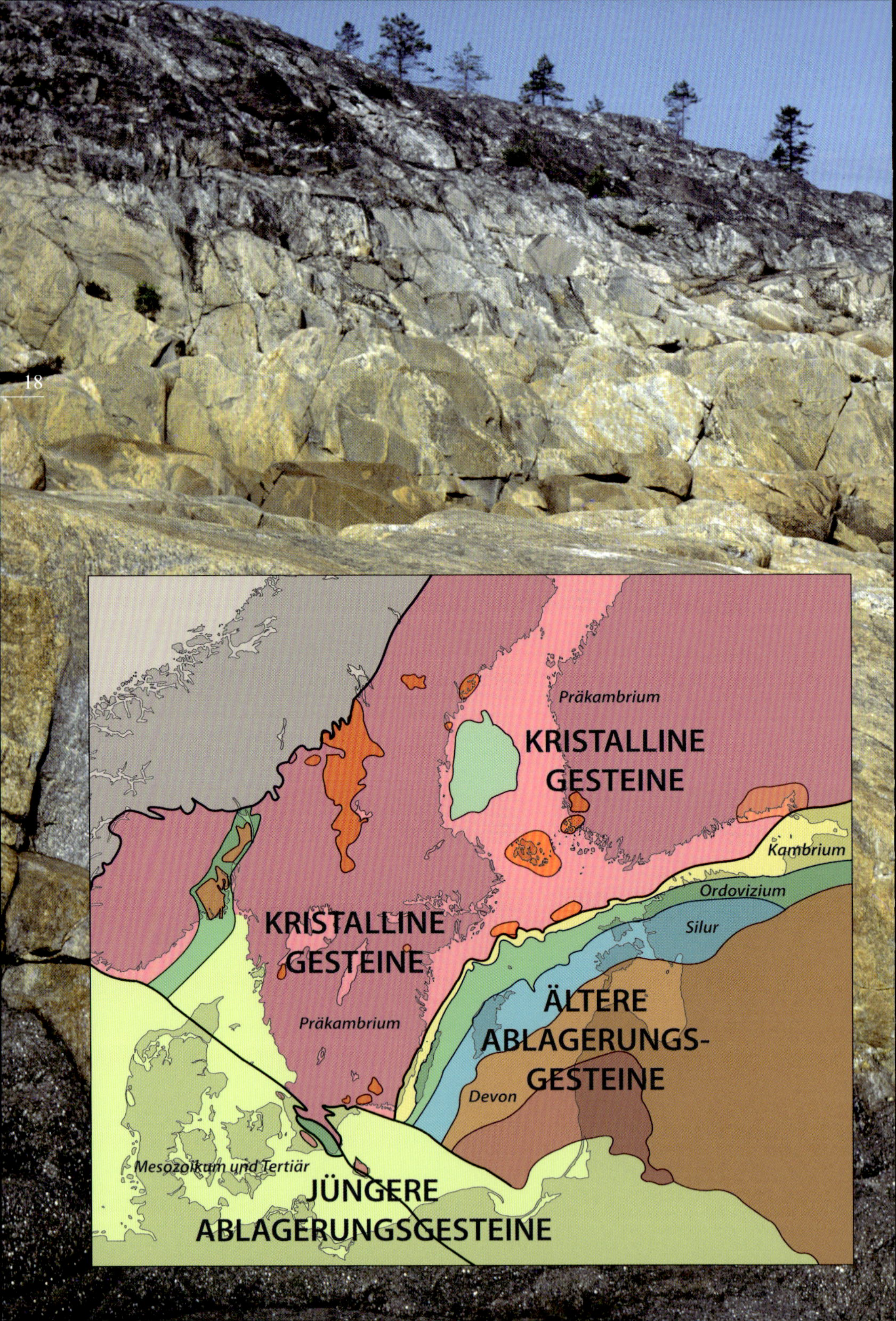
Präkambrium
KRISTALLINE GESTEINE
Kambrium
Ordovizium
Silur
KRISTALLINE GESTEINE
Präkambrium
ÄLTERE ABLAGERUNGS-GESTEINE
Devon
Mesozoikum und Tertiär
JÜNGERE ABLAGERUNGSGESTEINE

GESCHIEBE

WOHER KOMMEN SIE?

Das Inlandeis schob sich während der Vereisungen aus den skandinavischen Gebirgen beständig in südliche Richtungen. Dabei schürfte es auch unentwegt festes Gestein als Bruchstücke ganz unterschiedlicher Größe vom felsigen Untergrund ab und nahm sie mit. Überall in Skandinavien erkennt man noch heute auf anstehendem Gestein die Schleifspuren des Eises. Und es nahm zahlreiche, dort bereits vorhandene Gerölle in sich auf. Das geschah auch an anderen Stellen, weiter südlich, mit den massenhaft in weicherem Gestein vorhandenen harten Einlagerungen wie beispielsweise Feuersteinknollen. Alle diese Gesteinsbrocken wurden somit zu Geschieben.

Auf seinem Weg überquerte das Inlandeis in Skandinavien und im Ostseeraum zahlreiche geologische Baueinheiten mit einer gewaltigen Zahl verschiedenartiger Gesteine von unterschiedlichem geologischen Alter und in sehr verschiedenen Varietäten. Die Geschiebe stammen also nicht nur aus einem riesengroßen Gebiet, sondern unterscheiden sich auch in vielfältiger Weise. Wahllos hat sie das Eis mitgeführt und in Norddeutschland abgelagert. Hier liegen sie nun alle durcheinander. Bei manchen leicht erkennbaren Gesteinen kann auch der Laie das Herkunftsgebiet ermitteln. Bei anderen sind die Fachleute gefragt, die oft (aber nicht immer) genau wissen, woher ein Geschiebe stammt.

Foto:
uralte kristalline Gesteine (Gneis, Amphibolit, Pegmatit) als Uferklippen an der nördlichen schwedischen Ostseeküste

Karte:
Geologische Übersicht über die Herkunftsgebiete der wichtigsten Gesteinsgruppen von Geschieben in Skandinavien und dem Ostseeraum

FINDLINGE

DIE GRÖSSTEN DER GESCHIEBE

Man nennt die größten der Geschiebe natürlich **Großgeschiebe** – oder auch **Findlinge**. Der Begriff „Findling“ hat sich aus jener Zeit erhalten, in der man sich nicht erklären konnte, wie diese schwergewichtigen Steinbrocken ins norddeutsche Flachland gelangten. Erst 1875 bewies der schwedische Geologe Otto Torell anhand von Gletscherschrammen auf dem anstehenden Muschelkalk von Rüdersdorf bei Berlin, dass sich hier Eis über den Untergrund geschoben hatte. Seither spricht man auch von Geschieben.
Die meisten Großgeschiebe, die früher in großer Zahl überall in der Landschaft lagen, hat der Mensch gespalten und verarbeitet.

Heute stehen alle, die größer sind als zehn Kubikmeter, als **Geotop** unter Schutz – auch die Großgeschiebe, die neu gefunden werden. Denn an vielen Stellen, an denen in Norddeutschland Baugruben ausgehoben oder Flächen planiert werden, bei Baggerarbeiten oder in Tagebauen kommen sie ans Licht. Die interessantesten gelangen oft in jene **Geschiebe-** oder **Findlingsgärten**, die vor allen Dingen in jüngster Zeit angelegt wurden. Dort kann man sie bewundern – und man bekommt meist auch viele Informationen zu diesen Zeugen der Eiszeit. Mehr dazu auf den Seiten 74-75 dieses Buches.

Foto:
Der schön gelegene Findlingsgarten in Raben Steinfeld östlich von Schwerin zählt zu den interessantesten in ganz Norddeutschland.

FINDLINGE

GIGANTEN IN NORDDEUTSCHLAND

Staunend steht der Mensch vor diesen gewaltigen Steinbrocken. Es fällt schwer, sich vorzustellen, welche gewaltige Kraft das Eis besaß, das diese über 100 Tonnen schweren Giganten von Bornholm oder aus Mittelschweden mitbrachte. Es sind wahrhafte Naturdenkmale – heute als **Geotope** geschützt. Die allergrößten bestehen sämtlich aus Granit. Kein anderes Gestein wurde in solcher Weise abgesondert, dass es derart große Brocken bildete, die den belastenden Eistransport überstanden. Alle anderen zerbarsten zu kleineren Stücken. Lediglich Gneis kommt dem Granit etwas nahe.

Foto:
Großer Stein oder Bismarckstein in Altentreptow ca. 133 m^3/360 t der größte Findling auf dem Festland in Mecklenburg-Vorpommern – ein Granit von der Insel Bornholm (Hammer-Granit)

DIE GRÖSSTEN FINDLINGE IN:

Mecklenburg-Vorpommern
Buskam in der Ostsee
bei Göhren/Rügen
ca. 200 m³/550 t

Brandenburg
Markgrafenstein in den
Rauenschen Bergen
ca. 180 m³/490 t

Niedersachsen
Giebichenstein bei Nienburg
ca. 100 m³/290 t

Hamburg
Alter Schwede bei Övelgönne
ca. 80 m³/220 t

Schleswig-Holstein
Düwelstein bei Großkönigsförde
ca. 60 m³/170 t

Nordrhein-Westfalen
Großer Stein von Tonnenheide
ca. 100 m³/270 t

Eine Zusammenstellung
aller großen Findlinge
in Norddeutschland
findet man unter
www.strandsteine.de/findlinge.htm

VIELFALT DER GESTEINE
FASZINIERENDE GESCHIEBE

Auf Geschiebe trifft man überall in Norddeutschland. Besonders eindrucksvoll sind sie, wenn sie in so großer Menge wie auf dem Foto beieinander liegen. Da fällt auch dem Nichtfachmann beim genauen Hinsehen auf, dass sie nicht nur in Farbe und Form sehr verschieden sind, sondern dass sie auch eine ganz unterschiedliche Struktur besitzen. Die einen sind deutlich geschichtet, andere aus winzigen Kristallen zusammengesetzt. Einige zeigen merkwürdige Einlagerungen, an anderen erkennt man ganz deutlich, dass Versteinerungen eingeschlossen sind. Insgesamt aber ist die Vielfalt der Gesteine für den Laien auf den ersten Blick verwirrend. Bei vielen Gesteinen weiß nur der Fachmann Rat – und auch der hat oft Schwierigkeiten, „auf Anhieb" das Gestein eines Geschiebes oder ein darin eingeschlossenes Fossil genau zu bestimmen. Ihre Vielfalt ist einfach zu groß und längst nicht alles ist deutlich erkennbar.

Ausgestattet mit einigen Grundkenntnissen, wie sie in diesem Buch (das nicht als Bestimmungsbuch gedacht ist) auf den folgenden Seiten vermittelt werden, kann aber auch der Nichtfachmann wenigstens die wichtigsten Gesteinsarten der im Binnenland vorkommenden Geschiebe erkennen.

Natürlich findet man die gleichen Geschiebe auch an der Ostsee, an den Stränden vor den Steilküsten – oft in der Brandung abgerollt, dadurch geschliffen und die Gesteine sogar besser erkennbar. Für die Küstenwanderer, die sich mit Strandgeröllen beschäftigen, gibt es in dieser Reihe ein einfaches Bestimmungsbuch für Laien – die **„Steine am Ostseestrand"** (s. S. 80). Es eignet sich natürlich auch dazu, die wichtigsten Gesteinsarten und Versteinerungen binnenländischer Geschiebe zu bestimmen.

Foto: Geschiebehalde in einer Kiesgrube – beeindruckende Vielfalt von Gesteinen

GESTEINE DER GESCHIEBE
WIE SIND SIE ENTSTANDEN?

Auch in der verwirrenden Vielfalt von Gesteinen, die uns in den Geschieben begegnen, gibt es eine Ordnung. Sie werden nach ihrer Entstehung in Gesteinsgruppen eingeteilt. Besser als eine Beschreibung zeigt diese Grafik, wie Gesteine entstehen - und zu den einzelnen Gruppen je ein besonders charakteristisches Beispiel.

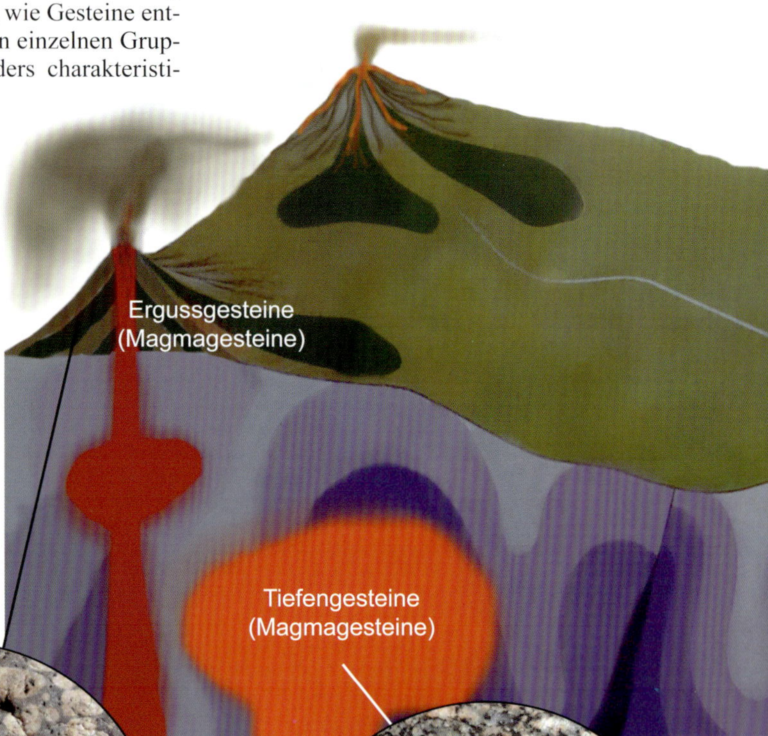

Porphyr
Ergussgestein

Granit
Tiefengestein

Gesteine bestehen aus **Mineralen**. Sie treten als **Körner** sehr unterschiedlicher Beschaffenheit auf – oft in Form kleiner **Kristalle**. Nach deren Größe unterscheidet man **feinkörnige** und **grobkörnige Gesteine**. Manche Gesteine, bei denen die Körner nicht mit bloßem Auge zu erkennen sind, nennt man **dicht**. Einige Gesteine zeigen in einer dichten Grundmasse größere Kristalle, die man **Einsprenglinge** nennt. Zahlreiche Ablagerungsgesteine enthalten **Fossilien** als Einlagerungen.

DIE GESTEINSGRUPPEN:

Magmagesteine (Magmatite)
feurig-flüssig entstanden:
Tiefengesteine z.B. Granit
Ergussgesteine z.B. Porphyr
Ganggesteine z.B. Pegmatit, Diabas

Ablagerungsgesteine (Sedimente)
durch Ablagerung entstanden,
meist am Meeresboden:
z.B. Sandstein, Kalkstein, Feuerstein

Umwandlungsgesteine (Metamorphite)
durch hohen Druck und Hitze in der Tiefe der Erdkruste aus anderen Gesteinen entstanden: z.B. Gneis, Amphibolit

Sandstein
Ablagerungsgestein

Gneis
Umwandlungsgestein

KRISTALLINE GESTEINE

GRANIT, PORPHYR, GNEIS....

In den kristallinen Gesteinen findet man die Minerale meist als deutlich erkennbare Kristalle – daher ihr Name. Zu ihnen zählen sowohl alle Magmagesteine (also Tiefengesteine wie Granit oder Ergussgesteine wie Porphyr) als auch alle Umwandlungsgesteine wie Gneis. Kristalline Gesteine bilden die Hauptmasse aller größeren Geschiebe. Diese Gesteine sind in der Regel sehr hart und zäh. Sie wurden daher beim Eistransport nicht so stark zerkleinert oder gar zerrieben wie so viele Ablagerungsgesteine.

Die Heimat der meisten kristallinen Geschiebe liegt weit im Norden, hauptsächlich in Schweden und Finnland. Sie stammen von einer gewaltigen uralten Gesteinsmasse, dem **Baltischen Schild** – die bis auf ihre Wurzeln abgetragenen Reste einstiger Gebirge. Das Alter fast aller dieser kristallinen Gesteine liegt zwischen etwa 2 000 und 900 Millionen Jahren.
Auf **www.kristallin.de** findet man eine umfangreiche Zusammenstellung kristalliner Geschiebe mit Beschreibungen und Fotos.

großes Foto:
Kristalline Gesteine zeigen als Geschiebe oft eine bemerkenswerte Farbigkeit.

Karte:
Herkunftsorte charakteristischer kristalliner Geschiebe

Foto oben:
Heimat von Nordingrå-Granit –
die Hohe Küste in Schweden

Foto unten:
Heimat von Hammer-Granit –
die Hammer-Halbinsel auf Bornholm

Foto:
Granit-Geschiebe
verschiedener Art und Herkur

GRANIT
TYPISCHES TIEFENGESTEIN

Granit ist ein besonders häufiges kristallines Geschiebe und kommt in den verschiedensten Arten vor. Die vielfarbigen Granitgeschiebe zeigen aber alle eine recht gleichmäßige, regellose Struktur. Die einzelnen kleinen, unterschiedlich gefärbten Körnchen sind die feinen Kristalle der für Granit charakteristischen Minerale: „Feldspat, Quarz und Glimmer – das vergess' ich nimmer."

Wer ein Granitgeschiebe betrachtet, der hat einen Stein vor sich, der meist älter ist als eine Milliarde Jahre. Die verschiedenen Granite entstanden bei gewaltigen Gebirgsbildungen. Davon gab es gleich mehrere auf dem Baltischen Schild. Hauptsächlich im Zeitraum zwischen 2,0 und 1,4 Milliarden Jahren vor heute erstarrten dabei in das Fundament der Faltengebirge eingedringende Magmamassen zu zahlreichen Granitmassiven. Längst sind diese Gebirge bis auf ihre Wurzeln abgetragen, die Granite liegen an der Oberfläche. Dort konnte sie das Eis leicht abschürfen und nach Süden transportieren.

Die wichtigsten Granitvorkommen findet man im südlichen und westlichen Schweden, auf Bornholm und im Gebiet der Ålandinseln. Von dort stammen sowohl die meisten Granitgeschiebe, also auch viele der großen Findlinge. Da jede Granitart ihre spezifische Zusammensetzung und Struktur hat, kann der Experte die Heimat der einzelnen Granite recht genau bestimmen. Ihre speziellen Namen geben Auskunft über die Herkunft, z.B. Stockholm-Granit oder Hammer-Granit.

Foto im Kreis:
Granit, ca. 5 x vergrößert

Foto:
Porphyr-Geschiebe
verschiedener Art und Herkunft

PORPHYR

DEKORATIVES ERGUSSGESTEIN

Geschiebe aus Porphyr sind – im Vergleich zu denen aus Granit – viel seltener. Porphyre fallen aber sofort auf, denn in einer einheitlich gefärbten, sehr feinen Grundmasse sitzen „Einsprenglinge" wie Rosinen im Kuchen. Diese dekorativen Einschlüsse sind größere Kristalle, meist von Feldspat, manchmal auch von Quarz. Zahl und Größe der Einsprenglinge kann ebenso unterschiedlich sein wie die Farbe der dichten Grundmasse.

Porphyr ist ein an der Erdoberfläche oder nur wenig darunter erstarrtes Magmagestein – ein **Vulkanit**.

Porphyrgeschiebe stammen hauptsächlich vom Ostseegrund südlich der Ålandinseln, aus dem westlichen Mittelschweden, aus dem östlichen schwedischen Småland sowie dem norwegischen Oslogebiet. Während die meisten Porphyr-Arten zwischen 1,8 und 1,6 Milliarden Jahre zählen, gibt es auch einzelne vergleichsweise junge, nur etwa 300 Millionen Jahre alte.

Anders als Granit kommt Porphyr nur selten in Form tonnenschwerer Findlinge vor. Bei der relativ raschen Erkaltung an der Erdoberfläche entstanden viele Risse in dem sehr harten Gestein. Dadurch zerbrach Porphyr bei der späteren Beanspruchung durch das Inlandeis in kleinere Stücke.

Foto im Kreis: Porphyr, ca. 5x vergrößert

Foto:
Gneis-Geschiebe
verschiedener Art und Herkunft

GNEIS

CHRAKTERISTISCHES UMWANDLUNGSGESTEIN

Gneis sieht fast aus wie Granit – Farbe, Körnigkeit und Mineralführung sind sehr ähnlich. Aber Gneis zeigt ein besonderes, gut erkennbares Gefüge: das Gestein erscheint gestreift, geschichtet, gebändert, gefaltet. Gneis ist ein Umwandlungsgestein, dem man sein „bewegtes Schicksal" oft ansieht.

Auch Gneis entstand bei gewaltigen Gebirgsbildungen. Bei der Faltung gelangten bereits vorhandene Gesteine wie Granit oder Tonschiefer kilometertief in die Erdkruste. Dort gerieten sie unter gewaltigen Druck und große Hitze. Dabei verloren sie ihre ursprüngliche Beschaffenheit. Aus den ursprünglichen Bestandteilen bildeten sich neue Minerale – meist Feldspat, Quarz und Glimmer, wie beim Granit. Durch Gebirgsbewegungen erhielt der Gneis seine auffallende Struktur, an der man ihn recht gut erkennt.

Das Alter der vielfältigen Gneisarten entspricht dem der großen Gebirgsbildungen, die einst den Baltischen Schild formten, den geologisch ältesten Teil Europas. Diese Gebirgsbildungen liegen alle länger als eine Milliarde Jahre zurück.

Gneis bildet in Schweden und Finnland weite Teile des Untergrundes. Anders als bei Granit und Porphyr aber kann selbst der Fachmann die genaue Herkunft eines Gneisgeschiebes nur vermuten. Zu vielfältig sind die Varietäten dieses harten Gesteins. In den ausgedehnten skandinavischen Gneisgebieten kann man gut beobachten, wie völlig unterschiedlich das Gestein bereits auf engstem Raum beschaffen ist.

Auch vom harten, zähen Gneis gibt es tonnenschwere Findlinge. Am attraktivsten ist sicher der „Augengneis" mit seinen großen rötlichen Feldspat-„Augen".

Foto im Kreis:
Augengneis, ø ca. 10 cm

KRISTALLINE BESONDERHEITEN
EINSCHLÜSSE, GÄNGE, ADERN...

Manche kristallinen Geschiebe sind durch eindrucksvolle Farbkontraste oder skurrile Formen besonders dekorativ. Dabei gibt es die merkwürdigsten Erscheinungsformen. Bei vielen Geschieben sind es einfach nur Schichten unterschiedlicher Gesteine, die übereinander liegen. In manchen finden sich Einschlüsse fremder Gesteine, die in Farbe oder Struktur anders sind. Einige werden von Gängen hellerer oder dunklerer Gesteine durchzogen, oft auch von harten Adern des Minerals Quarz.

Solche Einlagerungen treten oft bei der Verwitterung deutlich hervor – oder zurück. Weil so manches Geschiebe in sich unterschiedlich beschaffen ist, verwittert es auch nicht einheitlich. Dadurch entstehen oft merkwürdige, die Fantasie anregende Skulpturen unterschiedlichster Größe. Jedes dieser Gebilde ist ein Unikat. Wie es zu dieser Form kam, kann oft nur der Fachmann erklären – oder vermuten.

Foto:
kristalline Geschiebe mit besonderen Einlagerungen und Verwitterungsformen
ø der Stücke ca. 30-40 cm, großes Stück ca. 80 cm

ABLAGERUNGSGESTEINE

KALKSTEIN, SANDSTEIN, FEUERSTEIN...

Ablagerungsgesteine bilden nur selten größere Geschiebe – dafür sind sie aber besonders zahlreich. Unter der riesigen Masse kleinerer Geschiebe ist der **Feuerstein** mit seinen unregelmäßigen Knollen in weiten Gebieten Norddeutschlands das weitaus häufigste Gestein.

Viele Ablagerungsgesteine enthalten **Fossilien**. Diese Zeugnisse vorzeitlichen Lebens finden sich als **Abdrücke**, **Steinkerne** oder **Schalen** besonders in den verschiedenen Kalksteinen und im Feuerstein.

Die Heimat der Ablagerungsgesteine liegt in zwei großen Gebieten: **Kalksteine** und **Sandsteine** aus dem Erdaltertum (Paläozoikum) – rund 400 bis 500 Millionen Jahre alte Ablagerungen flacher Meere – kommen hauptsächlich aus dem Gebiet der Inseln Öland und Gotland sowie vom Grunde der Ostsee zwischen beiden Inseln und Estland.

Jüngere Meeresablagerungen, vor allen Dingen **Schreibkreide** und **Kreidekalke** (beide mit **Feuerstein**) aus der Erdneuzeit (Neozoikum), rund 35 bis 100 Millionen Jahre alt, kommen hauptsächlich aus dem Gebiet der südlichen Ostsee, der Dänischen Inseln und des norddeutschen Küstengebietes.

großes Foto:
Ablagerungsgesteine aus einer Kiesgrube in Mecklenburg

Karte:
Heimat einiger typischer Ablagerungsgesteine

Foto oben:
Heimat von Kalkstein – Kalksteinkliff auf Gotland

Foto unten:
Heimat von Feuerstein – Schreibkreidekliff auf Rügen mit Feuerstein als Einlagerungen

KALKSTEIN
VIELFÄLTIGE MEERESABLAGERUNG

Kalksteine sind Ablagerungsgesteine, die fast alle ihren Ursprung in kalkigen Schalenresten von Meerestieren haben. Meist waren das mikroskopisch kleine Kalkpartikelchen, die am Meeresboden als Schlamm abgelagert wurden, der sich später zu Kalkstein verfestigte. Darin eingeschlossen sind oft größere Schalenreste von Muscheln, Schnecken, Korallen, Kopffüßern, Seeigeln... Manche Kalksteine bestehen sogar ausschließlich aus solchen „Makrofossilien”, deren Struktur an der Oberfläche einiger Kalkgeschiebe deutlich sichtbar ist.

Viele der Geschiebe-Kalksteine entstanden im Ordovizium und Silur, also im Zeitraum von 480 bis 417 Millionen Jahren vor heute. Damals bedeckten flache Schelfmeere weite Teile des baltischen Raumes. Die in dieser Zeit abgelagerten Kalksteine wie beispielsweise Orthocerenkalk oder Korallenkalk finden sich nicht selten in den Moränen. Sie stammen hauptsächlich aus dem Gebiet der Kalksteininseln Öland und Gotland sowie aus den umliegenden Ostseearealen.

Andere Kalksteine sind mit etwa 65 Millionen Jahren wesentlich jünger. Sie entstanden im Tertiär, also nach der Schreibkreide.

Kalksteine lassen sich leicht mit der Messerspitze ritzen, sind also relativ weich. Daran kann man ihn auch leicht erkennen. Und deshalb gibt es auch nicht so viele größere Kalksteingeschiebe.

Kalksteingeschiebe findet man fast nur in den Jungmoränengebieten (s.S. 17). In den Altmoränengebieten sind sie oberflächlich längst verschwunden – durch natürliche Kohlensäureverwitterung aufgelöst.

Foto:
Kalksteingeschiebe verschiedener Art und Herkunft

Foto im Kreis:
Kalksteingeschiebe erreichen nur sehr selten eine solche Dimension wie dieser Silurkalk auf Rügen.

FOSSILREICHE KALKSTEINE
DOKUMENTE AUS DEM ERDALTERTUM

Die auf dieser Seite abgebildeten Kalksteine zählen zu den charakteristischen fossilführenden Geschieben. Es sind Beispiele für eine Menge ähnliche Gesteine.
Manche rotbraune, seltener auch graue Kalksteine zeigen eingeschlossene Versteinerungen, die eine charakteristische Kammerung haben. Dabei handelt es sich um Einschlüsse von Kopffüßern, die vor etwa 480 Millionen Jahren, im Ordovizium, in großer Zahl im Freiwasser des Meeres schwammen. Oft erkennt man die Anschnitte ihrer lang gestreckten, meist fingerdicken Gehäuse an der weißlichen Zeichnung im Gestein. Solcher Kalkstein hat seine Heimat auf der Insel Öland und wird daher auch „**Ölandstein**" genannt. Fachleute bezeichnen diesen Kalkstein, der auch in Mittelschweden vorkommt, als „**Orthocerenkalk**". Die Bezeichnung rührt her vom Begriff „Orthoceras" (Mehrzahl: „Orthoceren"), dem lateinischen Namen für „Geradhorn".

Foto:
„Ölandstein" aus dem Ordovizium mit den charakteristischen Resten von Kopffüßern

Zeichnung:
Rekonstruktion eines Orthoceras

Zahlreiche hellgraue Kalksteingeschiebe lassen bei genauerer Betrachtung erkennen, dass in ihnen Fossilien eingeschlossen sind. Stücke mit einer feinen Wabenstruktur an der Oberfläche erweisen sich nicht selten als abgerollte **Korallenstöcke** – 420 Millionen Jahre alt. Damals, im Silur, wuchsen tatsächlich Korallenriffe im heutigen Ostseeraum, denn zu dieser Zeit herrschte hier tropisches Klima – das Gebiet lag in der Nähe des Äquators.

Solche **Korallenkalke** stammen hauptsächlich von der Insel Gotland. Aus diesen Riffkalken herausgewittert sind auch jene hornförmigen **Einzelkorallen**, die manchmal lose in den Kiesgruben der Jungmoränengebiete gefunden werden.
Wer diese Kalksteine aus dem Silur genauer untersucht, wird auch zahlreiche andere Fossilien finden – manchmal durch die Verwitterung wunderschön herauspräpariert.

Foto:
Versteinerte Korallenstöcke (unten) und Einzelkorallen (oben rechts) aus Silur-Kalkstein
Stücke ca. 2-14 cm

Zeichnung:
Rekonstruktion einer Einzelkoralle

Foto:
Sandstein-Geschiebe
verschiedener Art und Herkunft

SANDSTEIN

CHARAKTERISTISCHES ABLAGERUNGSGESTEIN

Viele der sehr verschiedenartigen Sandsteine erkennt man an ihrer **Schichtung**. Sandstein setzt sich aus winzigen, aber meist gut erkennbaren Körnchen zusammen – aus Sandkörnern. Diese bestehen aus Quarz, dem häufigsten an der Erdoberfläche vorkommenden Mineral. Quarz ist sehr hart und äußerst verwitterungsbeständig. Sandkörnchen bleiben übrig, wenn Gesteine verwittern. Als lockerer Sand wurden sie von Bächen und Flüssen in Binnenseen, hauptsächlich aber ins Meer gespült und dort am Boden in Schichten abgelagert – Sandstein ist ein Ablagerungsgestein, das später durch ein **Bindemittel** verfestigt wurde. Dieses Bindemittel verleiht dem Sandstein auch die Farbe, denn die einzelnen Sandkörnchen selbst sind farblos bis weißlich.

Die ältesten Sandsteine, die man als Geschiebe findet und die aus Mittelschweden oder vom Grunde des Bottnischen Meerbusens stammen, sind etwa 1 300 Millionen Jahre alt und meist rötlich oder rotviolett gefärbt. Zusammen mit ihnen findet man ebenso harte, aber wesentlich jüngere, hellgraue Sandsteine mit Lebensspuren am Strand. Sie sind etwa 540 Millionen Jahre alt. Die Härte eines Sandsteins ist übrigens unabhängig vom Alter – das gilt auch für andere Gesteine.

Relativ jung sind oberflächlich rostbraune Sandsteinarten, von denen manche weißliche Schalenreste von Meerestieren enthalten. Eine wurde vor rund 160, die andere vor „nur" 24 Millionen Jahren gebildet. Letztere zählt zu den jüngsten Geschieben, die man in Norddeutschland findet.

FEUERSTEINE

DIE HÄUFIGSTEN GESCHIEBE

Feuerstein kennt jeder: meist grau oder fast schwarz, oft mit dünner weißlicher Rinde – das ist sein charakteristisches Erscheinungsbild. Auch Feuerstein zählt zu den Ablagerungsgesteinen; auch er entstand am Grunde des Meeres – oder besser: im Meeresboden, im noch lockeren, feuchten Kalkschlamm. Dort kam es zur Ausscheidung von Kieselsäure, die den Kalkschlamm verdrängte, sich zu Knollen konzentrierte und schließlich steinhart wurde. Diese **Feuersteinknollen** stammen aus der Schreibkreide oder aus Kreidekalken, die in weiten Gebieten des deutschen Küstengebietes, in Dänemark und Südschweden direkt unter den eiszeitlichen Ablagerungen zu finden sind. **Feuersteinknollen sind die häufigsten Geschiebe.** Aber nur sehr selten findet man sie als zentnerschwere Brocken. Jede Knolle hat ihre eigene Form und Größe, jede ist ein Einzelstück.

Feuerstein ist – so wie der Quarz, der die gleiche Zusammensetzung hat – besonders hart und verwitterungsbeständig. Er wurde daher beim Eistransport auch kaum zerrieben und über ein riesengroßes Gebiet verstreut. So findet man ihn heute auf jedem Acker, in jeder Kiesgrube nördlich der Mittelgebirge – überall dort, wo einmal Inlandeis war. Die **Feuersteinlinie** (s.S. 17) markiert die Linie, bis zu der das Eis maximal vordrang.

Feuerstein ist zwar sehr hart (härter als Stahl!), aber er splittert auch recht leicht. Aus Feuerstein waren die ersten Werkzeuge des Menschen. Das spätere „Besteck" aus Feuerstein, Stahl und Zunderschwamm war der Vorläufer unseres Gasfeuerzeuges. Mit Feuerstein schlug man also tatsächlich Feuer – womit auch der ungewöhnliche Name erklärt wäre. Früher sagte man zu ihm auch **Flint**.

Foto: Feuersteinknollen – Geschiebe aus einer Kiesgrube in Vorpommern

Viel mehr über Feuersteine erfährt man im Buch ***"Feuersteine Hühnergötter"*** *(s. S. 80)*

FEUERSTEINE
VIELFÄLTIGE LESESTEINE

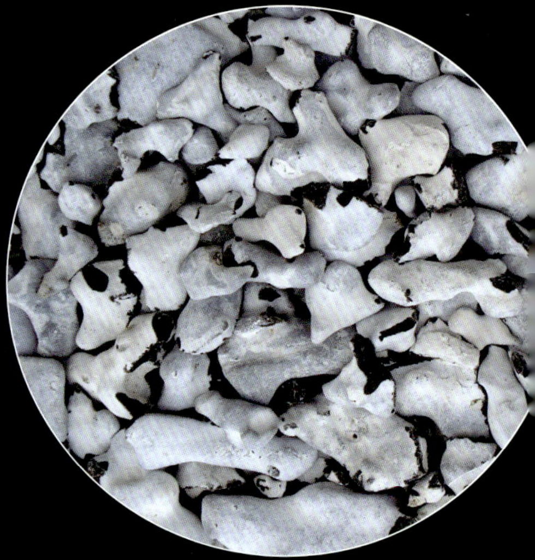

Feuersteine sind nicht nur sehr verschiedenartig geformt, sondern zeigen auch eine unterschiedliche Färbung. Man unterscheidet zwei „Grundtypen" – den fast schwarzen, oft mit dünner weißer Rinde versehenen **Kreidefeuerstein** aus der Schreibkreide (ca. 67 Millionen Jahre alt) und den grauen **Tertiärfeuerstein** aus Kreidekalken (ca. 63 Millionen Jahre alt).

Neben vielen unregelmäßig geformten Knollen dieser „Grundtypen" findet man als Geschiebe **Feuersteingerölle** in großer Zahl. Sie zeigen oberflächlich oft eine andere Färbung als der schwarze oder graue Kern – eine dünne Patina – so wie bei vielen Stücken auf dem großen Foto zu sehen. Diese oberflächliche Verfärbung erhielten die Feuersteingerölle meist dann, wenn sie frei an der Oberfläche lagen. Während der letzten Vereisung waren weite flache Areale viele Jahrtausende lang eis-, aber auch vegetationsfrei. Auf großen Flächen hatte der Wind alles feinere Material weggeblasen – nur Gerölle bedeckten die Landoberfläche, darunter auch viele Feuersteine. Und die erhielten damals ihre Patina.

Foto im linken Kreis (ø ca. 80 cm):
Kreidefeuerstein
Heimat: Insel Rügen

Foto im rechten Kreis (ø ca. 60 cm):
Tertiärfeuerstein
Heimat: Insel Seeland

großes Foto:
Feuersteingerölle (etwa 2-5 cm groß)
Solche Gerölle gibt es in jedem Kieshaufen zu entdecken und es macht bestimmt Spaß, möglichst viele verschiedene davon zu sammeln.

HÜHNERGÖTTER

SAGENUMWOBENE LOCHSTEINE

Durchlöcherte Feuersteine, heute landläufig als **Hühnergott** bezeichnet, findet man nicht nur am Ostseestrand (wo sie gern gesucht werden), sondern auch überall im Binnenland. So wie bei allen Feuersteinknollen ist auch bei diesen Lochsteinen die Form (also auch das Loch) eine Zufallsbildung und nur selten anders zu erklären.

Foto:
Hühnergötter von verschiedenen norddeutschen Fundorten
ø ca. 2 -20 cm

Mancher glaubt an die magischen Kräfte von Hühnergöttern. Deshalb werden sie oft als Talisman getragen. Schon früher hängte man größere Lochsteine als „Viehgötter" zum Schutz des Viehs vor Gefahren aller Art in die Türöffnungen der Kuh- und Pferdeställe. Der Begriff „Hühnergott" aber geht wohl auf das 1963 erschienene Büchlein „Der Hühnergott" von Jewgeni Jewtuschenko zurück. In dieser kleinen, auf der Krim am Schwarzen Meer spielenden Liebesgeschichte des russischen Autors kommt auch ein Lochstein vor. Und für den verwendet Jewtuschenko die auf der Krim übliche Bezeichnung „Hühnergott", die auf einen Brauch der dort ansässigen Tataren zurückgeht. Diese hängten oder legten durchlöcherte Steine in die Hühnerställe, um das Federvieh vor Krankheit zu schützen.

WALLSTEINE
PERFEKT GERUNDETE FEUERSTEINE

Perfekt gerundete und wie poliert erscheinende kleine Geschiebe nennt man **Wallsteine**. Hier handelt es sich um uralte Strandgerölle aus **Feuerstein** unterschiedlicher Art. Man vermutet, dass sie vor etwa 57 Millionen Jahren sehr lange Zeit in der Brandung des Tertiärmeeres bewegt worden sind und dabei ihre Form und Oberfläche erhielten. Anschließend wurden die Wallsteine vermutlich am Ufer zu Strandwällen angehäuft – daher ihr Name. Woher sie aber genau kommen, ist heute nicht mehr festzustellen. Denn alle entsprechenden Ablagerungen wurden ja vom Inlandeis abgetragen und die Wallsteine – genau wie die anderen Feuersteine – als Geschiebe über ein riesengroßes Gebiet verstreut.

Diese kleinen „Handschmeichler" waren früher mehr als heute besonders in ländlichen Gebieten sehr bekannt – fand man sie doch häufig bei der Feldarbeit. Daher haben sie auch noch andere, regional sehr unterschiedliche Namen (z.B. „Taubensteine", „Krähensteine" oder „Schustersteine"). Auch Wallsteine haben meist eine Patina und einen grauen oder schwarzen Kern.

Foto:
Wallsteine von verschiedenen norddeutschen Fundorten
ø ca. 1,5 - 8 cm

FOSSILIEN ALS GESCHIEBE
RESTE VON LEBEN AUS DEM KREIDEMEER

In den Kiesgruben der Jungmoränengebiete findet man im „Überkorn“ der Siebanlagen nicht selten verschiedene **lose Fossilien** aus der Kreidezeit. Die größten von ihnen sind die stabilen hellen Kalkschalen von **Dickmuscheln**, die am Boden des Kreidemeeres lebten.

Meist sind diese austernähnlichen Muscheln mit ihren beiden sehr ungleich geformten Schalen durch den Eistransport stark abgeschliffen. Trotzdem erkennt man sie, denn diese Reste zeigen eine unverwechselbare Schalenstruktur.

Foto:
Kalkschalen von Dickmuscheln
ø ca. 5-12 cm

Zeichnung:
Dickmuschelschalen haben zwei sehr unterschiedlich große Klappen.

Foto:
Donnerkeile – Bruchstücke der Kalkrostren von Belemniten
Länge ca. 1 - 6 cm

Zeichnung:
Rekonstruktion eines Belemniten, eines bereits vor 67 Millionen Jahren ausgestorbenen Kopffüßers.
Die Spitze ist das Rostrum, der Donnerkeil.

Am häufigsten von allen Fossilien, die man lose im Kies der Jungmoränen findet, sind die länglichen, gelblichen Reste von **Belemniten**, kalmarähnlicher Tintenfische, die in großer Zahl im Kreidemeer lebten. Jeder kennt diese Gebilde als **Donnerkeile**. Meist sind es nur die Bruchstücke dieser bis zu fingerlangen Rostren. Auch sie bestehen aus Kalk und kommen daher kaum in den südlich gelegenen Altmoränen vor. Nahe der Oberfläche sind sie dort längst aufgelöst.

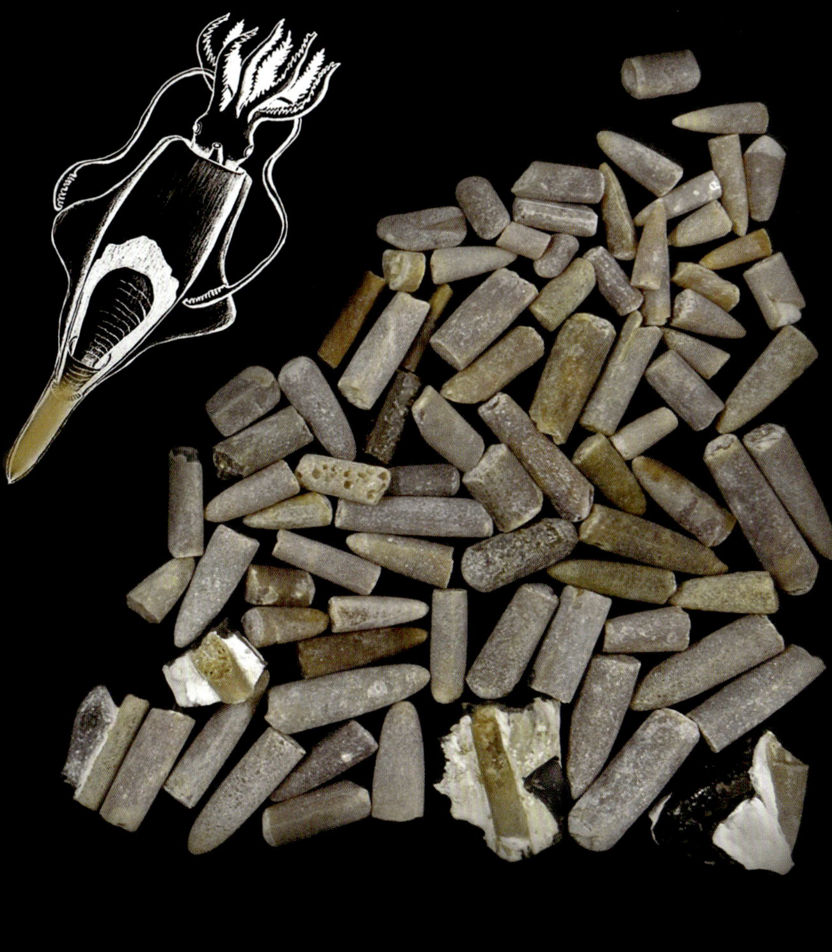

VERSTEINERTE SEEIGEL

STEINKERNE AUS FEUERSTEIN

Feuersteinkerne von Seeigeln sind Versteinerungen, die fast jeder erkennt. Man findet sie überall im Vereisungsgebiet, hauptsächlich in Kiesgruben. Und zwischen den dort ausgesiebten kleinen Steinen, die man oft als Gestaltungsmaterial für Freiflächen rund um Gebäude verwendet. So hat schon mancher einen Seeigelsteinkern direkt vor seiner Haustür in der Vorstadt gefunden.

Foto:
Feuersteinkerne von Seeigeln verschiedener Arten aus Kreide und Tertiär – so wie sie überall im Vereisungsgebiet gefunden werden können.
ø ca. 1,5-10 cm

Zeichnung:
Die Kalkschale eines Seeigels (hell) wurde mit Feuerstein (dunkel) ausgefüllt. So entstand ein Steinkern.

Dem Steinkern fehlt das ursprüngliche Kalkgehäuse des Seeigels. Nach dem Tod des Tieres wurde diese Hülle im Kalkschlamm am Meeresboden eingebettet und dort mit Kieselsäure ausgefüllt, die später zu Feuerstein erhärtete.
Seeigelsteinkerne kommen sowohl aus der Schreibkreide, als auch aus den Kreidekalken des Tertiär. Die weiche Kalkschale wurde meist beim Eistransport zerrieben oder später aufgelöst. Der stabile Feuersteinkern aber blieb erhalten. Dessen rundliche Form schützte ihn vor Zerstörung. Seine Oberfläche aber wurde teilweise geschliffen, sodass nicht mehr alle Steinkerne das dekorative fünfstrahlige Muster und die charakteristische wabenartige Zeichnung zeigen.

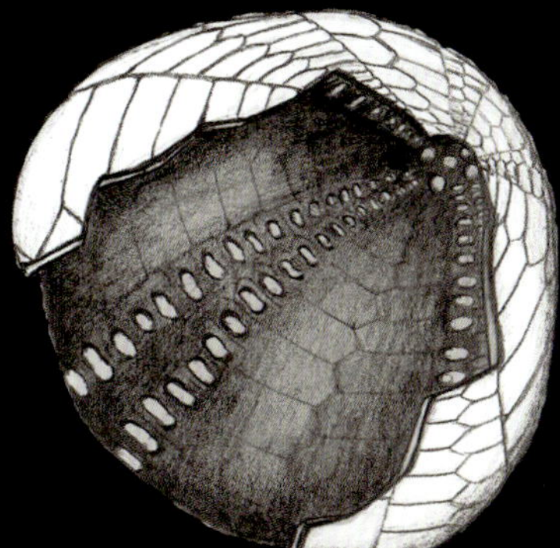

FOSSILER MEERESBODEN

KALKSCHALEN IM KALKSANDSTEIN

Zwischen der Masse der Geschiebe, die man in manchen Kiesgruben findet, fallen sie besonders auf: gelblichbraune Gesteine mit weißlichen Schalen von Meerestieren. Diese **Kalksandsteine** sind fossile Meeresböden, die einst im Flachwasser vor der Küste entstanden. Davon gibt es zwei typische Arten, die einander auf den ersten Blick äußerst ähnlich sind: **Dogger-Geschiebe** und **Sternberger Gestein**.

Foto:
Sternberger Gestein
(„Sternberger Kuchen")
aus dem Tertiär –
man findet es hauptsächlich
östlich von Schwerin
großes Stück ø ca. 30 cm

Beide Gesteine sind zwar zum Verwechseln ähnlich. Sie entstanden aber zu ganz unterschiedlichen Zeiten: die Dogger-Geschiebe im Jura, vor ca. 160 Millionen Jahren; das Sternberger Gestein im Tertiär, vor ca. 37 Millionen Jahren. In beiden finden sich oft wunderschön erhaltene Reste von Muscheln, Schnecken und zahlreichen anderen Meerestieren, oft echte Raritäten.

Foto:
Dogger-Geschiebe
aus dem Jura –
man findet sie besonders
im östlichen Vorpommern
großes Stück ø ca. 25 cm

Dieser Bernstein ist der allergrößte Baltische Bernstein, der heute in einer Sammlung liegt. Er wiegt fast zehn Kilogramm und kann im Berliner Museum für Naturkunde bewundert werden. Gefunden hat man ihn 1890 bei Feldarbeiten nahe Rarwin in Hinterpommern. Es ist also ein Geschiebe-Bernstein!

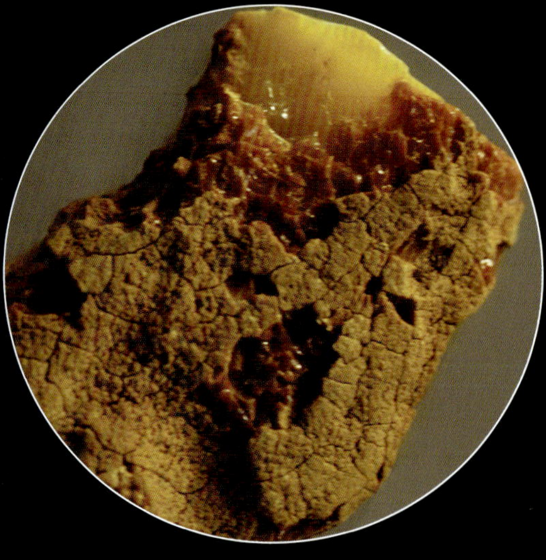

Geschiebe-Bernstein – „Erdstein“ – wie dieser ist oft an der Oberfläche stark verwittert und daher schwer zu erkennen. Unter der bröckeligen Verwitterungsrinde steckt aber oft noch ein schöner fester Kern, der geschliffen und poliert ebenso schön ist wie ein am Meer gefundener „Seestein“. Kreis ø ca. 4 cm

BERNSTEIN ALS GESCHIEBE

„GOLD DES MEERES“ VOM KARTOFFELACKER

Während der Eiszeit wurde auch der Bernstein über ein großes Gebiet verstreut. Tatsächlich ist dort, wo es Ablagerungen des Eises oder der Schmelzwässer gibt, prinzipiell auch Bernstein zu erwarten. Überall aber ist er sehr ungleichmäßig verteilt. Während man in vielen Gegenden nie ein Stück fand, erlebt man in anderen oft Überraschungen. Bei Sachsenhausen, nördlich von Berlin, fand man 1977 ein 500 Gramm schweres Stück; ein ähnlich großes Exemplar 1984 auf einem Kartoffelacker bei Hagenow in Mecklenburg. In den Kiesgruben im brandenburgischen Raum von Oranienburg und Bernau gibt es immer wieder beachtliche Funde. In der ersten Hälfte des 20. Jahrhunderts lieferte eine kleine Sandgrube nahe Zehdenik (Brandenburg) innerhalb von fünf Jahren über eine Tonne Bernstein!

Im Abraum von Braunkohletagebauen stößt man ebenso auf ihn wie dort, wo beim Bau von Straßen, Autobahnen oder Kanälen umfangreiche Erdmassen bewegt werden. „Erdstein“ ist äußerlich meist nur wenig attraktiv. Deshalb wird auch so manches Stück übersehen.

Foto:
So oder ähnlich sehen „Erdsteine“ aus. Nicht immer sind sie so sauber, wenn man sie findet.

linkes Foto:
Restaurierung der mittelalterlichen Feldstein-Stadtmauer in Neubrandenburg

rechtes Foto:
mittelalterliche Feldsteinkirche in Neetzka bei Neubrandenburg

MENSCH UND GESCHIEBE
ÄLTESTER BAUSTEIN NORDDEUTSCHLANDS

Eiszeitliche Ablagerungen bedecken ganz Norddeutschland – und damit auch alle festen Gesteine, die als Baumaterial in Frage kommen. Das war früher für die Menschen ein Problem. Aber sie wussten sich zu helfen. Noch bevor sie den Geschiebelehm formten und brannten, also Backstein herstellten, dienten ihnen Geschiebe als festes, beständiges und wieder verwendbares Baumaterial. Die „Boten aus dem Norden“ besaßen früher eine enorme Bedeutung.

Geschiebe fanden sich in vielen Regionen überall in der Landschaft in großer Menge und in unterschiedlichster Form und Größe – bestimmt viel mehr, als wir uns heute vorstellen können.

Über Jahrhunderte waren zahlreiche Menschen damit beschäftigt, sie zu gewinnen, zu sortieren, zu spalten, zu transportieren und aus ihnen Mauern zu errichten. Und nicht nur Bausteine wurden aus ihnen, sondern auch das Bindemittel für die Steinmauern – in denen keine Kalksteine zu finden sind. Kalkgeschiebe wurden zerkleinert, gebrannt und ergaben Branntkalk, der unumgänglich war, wollte man Mörtel herstellen.

Natürlich dienten Geschiebe in den Städten von Anfang an als Straßenbelag. Als später die Landstraßen befestigt wurden, stieg der Bedarf an Geschieben enorm an – so lange, bis schließlich per Eisenbahn die Steine aus weit entlegenen Regionen herankamen.

GROSSSTEINGRÄBER
BAUWERKE AUS FINDLINGEN

Großsteingräber oder „Hühnengräber“ sind die ältesten Bauwerke des Menschen, die in Norddeutschland erhalten sind. Sie stammen aus der Jungsteinzeit. Die meisten sind rund 5500 bis 4800 Jahre alt und wurden von unseren Vorfahren aus großen Geschieben, aus Findlingen errichtet. Immer wieder bewundert man die technischen Leistungen unserer Vorfahren, die allein mit Muskelkraft, aufgeschütteten schiefen Ebenen, Gleithölzern und Hebeln solche Bauwerke aus viele Tonnen schweren Gesteinsbrocken errichteten.

Die meisten der Großsteingräber fielen früher, besonders im 19. Jahrhundert, leider der Steinschlägerei zum Opfer. Von den einst in großer Zahl existierenden blieb nur noch ein Bruchteil erhalten, manche stark beschädigt. Insgesamt gibt es heute in Norddeutschland noch etwa 900 davon. Sie stehen natürlich alle unter Denkmalschutz.
Eine umfassende Zusammenstellung aller Großsteingräber, auch für die Nachbarländer, findet man auf **www.grosssteingraeber.de**.

Foto:
Großsteingrab bei Lancken-Granitz auf der Insel Rügen

FELDSTEINMAUERN
HEUTE FAST VERSCHWUNDEN

Einst waren Feldsteinmauern an vielen Stellen in der norddeutschen Landschaft zu finden. Aus den zahllosen Geschieben, die man mühsam von den Feldern und Weiden absammelte, baute man – oft recht kunstfertig – meterhohe Steinmauern. Sie begrenzten Grundstücke und Höfe, waren Einfriedung für das Vieh und säumten die Wege auf langer Strecke. Sie bereicherten die Landschaft und bildeten ideale Lebensräume für vieles Kleingetier. Heute sucht man solche Mauern meist vergeblich.

Denn je begehrter Geschiebe als Baumaterial wurden, desto rascher verschwanden die Feldsteinmauern aus der Landschaft. Selbst dann, wenn die Geschiebe nicht als Bausteine geeignet waren – als Schotter für Straßen und Wege taugten sie allemal. Nur Kirchhofsmauern blieben von der Abtragung verschont. Heute sind Feldsteine, die hier und da noch in Mengen abgesammelt werden, als Dekorationssteine begehrt. Nur ausnahmsweise entstehen daraus neue Trockenmauern wie diese in Eixen.

großes Foto:
neue Feldsteinmauer in Eixen bei Bad Sülze in Nordvorpommern.

kleines Foto.
Feldsteinmauer am Kirchhof von Garz auf Usedom (Foto: Inge Reinicke)

GESCHIEBEPFLASTER
UNVERWÜSTLICHER STRASSENBELAG

Heute läuft man in den historischen Zentren zahlreicher norddeutscher Städte auf vielfarbigem Pflaster aus eiszeitlichen Geschieben. Noch vor hundert Jahren hatten in Norddeutschland hunderte Kilometer Straßen einen derartigen unverwüstlichen Belag. Man pflasterte also mit Geschieben aus den vielfältigsten kristallinen Gesteinen. Aber kaum einen Stein konnte man so nehmen wie gefunden. Meist wurden die Steine behauen, größere gespalten und so ins Pflastersteinformat gebracht. Je öfter befahren, desto glatter wurden sie. Diese alten, vom Gebrauch geglätteten Steine wurden keinesfalls entsorgt. Sie sind noch heute sehr begehrt. Die abwechslungsreiche Farbigkeit und Struktur der vielfältigen Gesteinsarten kommen besonders zur Wirkung, wenn sie feucht sind. Dann zeigt sich dieses Geschiebepflaster in seiner voller Schönheit.

Landläufig sagt man zu diesem unebenen Pflaster aus gespaltenen bzw. behauenen Geschieben einfach **Kopfsteinpflaster** oder **Katzenkopfpflaster.** Aber echtes Kopfsteinpflaster sieht anders aus, denn es wurde aus unbearbeiteten, gerundeten Feldsteinen etwa gleicher Größe verlegt. Dadurch hatte die Straße tatsächlich lauter kopfartige Buckel. Trifft man irgendwo noch auf richtiges Kopfsteinpflaster, dann wird sofort klar, warum man es so selten findet. Es ist eine Zumutung für heutige Füße und Räder.

großes Foto:
Pflaster aus behauenen oder gespaltenen Geschieben

kleines Foto:
„echtes" Katzenkopfpflaster aus unbearbeiteten Geschieben

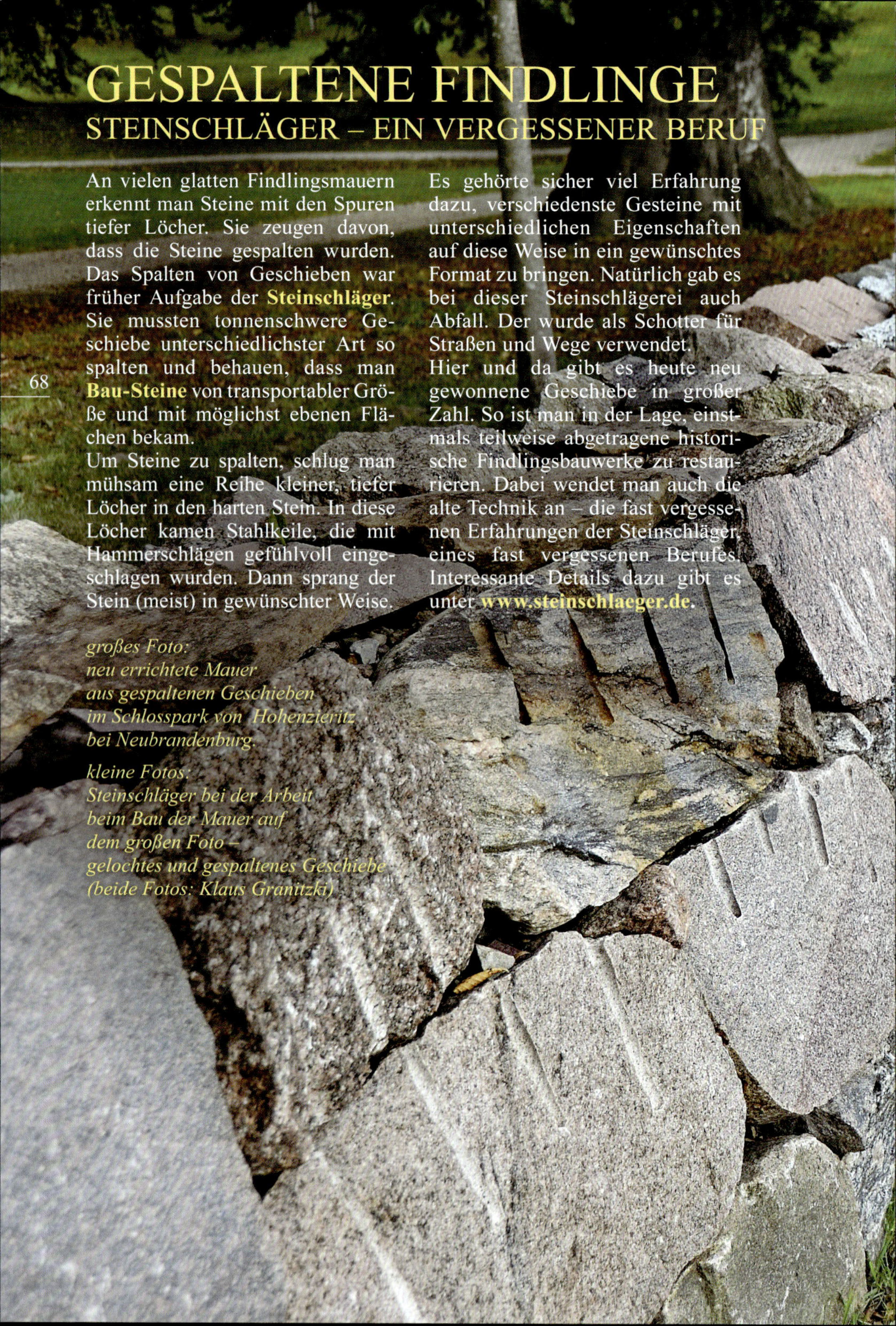

GESPALTENE FINDLINGE

STEINSCHLÄGER – EIN VERGESSENER BERUF

An vielen glatten Findlingsmauern erkennt man Steine mit den Spuren tiefer Löcher. Sie zeugen davon, dass die Steine gespalten wurden. Das Spalten von Geschieben war früher Aufgabe der **Steinschläger**. Sie mussten tonnenschwere Geschiebe unterschiedlichster Art so spalten und behauen, dass man **Bau-Steine** von transportabler Größe und mit möglichst ebenen Flächen bekam.

Um Steine zu spalten, schlug man mühsam eine Reihe kleiner, tiefer Löcher in den harten Stein. In diese Löcher kamen Stahlkeile, die mit Hammerschlägen gefühlvoll eingeschlagen wurden. Dann sprang der Stein (meist) in gewünschter Weise.

Es gehörte sicher viel Erfahrung dazu, verschiedenste Gesteine mit unterschiedlichen Eigenschaften auf diese Weise in ein gewünschtes Format zu bringen. Natürlich gab es bei dieser Steinschlägerei auch Abfall. Der wurde als Schotter für Straßen und Wege verwendet.

Hier und da gibt es heute neu gewonnene Geschiebe in großer Zahl. So ist man in der Lage, einstmals teilweise abgetragene historische Findlingsbauwerke zu restaurieren. Dabei wendet man auch die alte Technik an – die fast vergessenen Erfahrungen der Steinschläger, eines fast vergessenen Berufes. Interessante Details dazu gibt es unter **www.steinschlaeger.de.**

großes Foto:
neu errichtete Mauer
aus gespaltenen Geschieben
im Schlosspark von Hohenzieritz
bei Neubrandenburg.

kleine Fotos:
Steinschläger bei der Arbeit
beim Bau der Mauer auf
dem großen Foto –
gelochtes und gespaltenes Geschiebe
(beide Fotos: Klaus Granitzki)

FELDSTEINBAUTEN

FASZINIERENDE HISTORISCHE GEMÄUER

Viele der großen gotischen Backsteinkirchen Norddeutschlands besitzen gewaltige Findlingsfundamente. Zahlreiche mittelalterliche Dorfkirchen haben derbe Mauern aus unbearbeiteten Geschieben. Andere wurden aus gespaltenen bzw. behauenen Geschieben im einheitlichen Format errichtet. Vielfach kombinierte man Geschiebe mit Backstein – besonders dann, wenn es darum ging, exakte Formen wie Tür- und Fensteröffnungen oder Giebel zu mauern.

In sehr „steinreichen“ Gebieten errichtete man sogar die gewaltigen mittelalterlichen Stadtmauern und Stadttore zum großen Teil aus Geschieben. Dabei entstanden aus dem groben Material solide Bauwerke von besonderem Reiz. Nur sehr wenige sind heute so gut erhalten bzw. restauriert wie die in Neubrandenburg (Foto), Altlandsberg oder Müncheberg. Denn die meisten der Stadtmauern wurden ja im 19. Jahrhundert geschleift und die Steine „recycelt“.

Auf Feldsteinbauten trifft man auch noch im ländlichen Raum. Manche der archaisch wirkenden Scheunen und Ställe, seltener auch Wohnhäuser, haben die Zeit überdauert. Viele schöne Beispiele für solche Feldsteinbauten findet man auch unter **www.bautenchronist.de/fstein/index.php**.

großes Foto:
restaurierte Feldstein-Stadtmauer in Neubrandenburg

kleines Foto:
Ostgiebel der Dorfkirche in Golm bei Neubrandenburg

STEIN-GÄRTEN

HARMONIE VON GESCHIEBEN UND GEWÄCHSEN

Große Geschiebe dienten früher besonders als Gedenksteine oder Kriegerdenkmäler – viele davon blieben erhalten. Heute haben die Findlinge in großem Maß ihren Weg in die Vorgärten und Grünanlagen gefunden. Auch hier ist es das reichliche Angebot an neu gefundenen Findlingen, das es möglich macht, großzügige Steingärten, Steinhänge und Steinmauern zu gestalten. Dabei harmoniert die Vielfalt an Größe, Form, Struktur und Farbe oft auf das Schönste mit der Bepflanzung.

Inzwischen gibt es zahlreiche Firmen, die dafür Findlinge liefern und solche Anlagen professionell gestalten. Doch findet sich kaum ein Anbieter, der auch eine Expertise über Art und Herkunft der interessanten Gesteine mitliefert. So bleibt also oft unbekannt, was da im Laufe der Jahre immer mehr mit Algen, Flechten und Moos bewächst und schließlich kaum mehr erkennbar ist. Es lohnt sich aber bestimmt, etwas über Art und Herkunft „seiner" Geschiebe zu erfahren – und sie ab und zu einer „Schönheitskur" zu unterziehen.

Fotos: bepflanzte Trockensteinmauern aus Findlingen bieten die Möglichkeit, mit Pflanzen und Blumen ganz individuell Steingärten zu gestalten.

FINDLINGSGÄRTEN

FREILICHTMUSEEN BESONDERER ART

In den vergangenen Jahrzehnten kamen also zahlreiche Großgeschiebe neu ans Tageslicht. Daher lag der Gedanke nahe, die interessantesten von ihnen in Freilichtausstellungen zu präsentieren. So entstanden in jüngerer Zeit mehr als 80 **Findlingsgärten** – auch **Gesteinsgärten**, **Geschiebepfade** oder **geologische Lehrpfade** genannt. Dort präsentiert man Findlinge in sehr unterschiedlicher Zahl und von sehr verschiedener Größe. Meist sind die einzelnen Geschiebe benannt und ihre Herkunft angezeigt. Oft gibt es dazu geologische Erläuterungen. Vielfach sind es lohnende Ausflugsziele inmitten einer schönen, vom Eis geformten Landschaft.

Der **Usedomer Gesteinsgarten** in Ückeritz gilt als die am meisten besuchte derartige Freilichtausstellung im Norden. Ebenso populär ist der **Findlingspark Nochten** in der Lausitz – der größte und südlichste von allen. Hier sind etwa 6 000 Findlinge aus dem Abraum der Braunkohleförderung zu sehen: **www. lausitzer-findlingspark-nochten. com.**

Eine umfassende Zusammenstellung aller deutscher Findlingsgärten findet man auch unter: **www. strandsteine.de/findlingsgarten**.

großes Foto:
Der Findlingsgarten in Raben Steinfeld bei Schwerin zählt zu den schönsten seiner Art.

kleines Foto:
Der Usedomer Gesteinsgarten in Neu Pudagla bei Ückeritz auf der Insel Usedom ist besonders beliebt.

GESCHIEBEKUNDE

MEHR WISSEN ÜBER DIE STEINE

Dieses Buch möchte Interesse wecken an eiszeitlichen Geschieben. Mancher aber will viel mehr darüber wissen – von den Steinen, die im eigenen Vorgarten oder in der Nachbarschaft liegen, die er bei einer Wanderung am Wegesrand, bei der Arbeit im Garten oder auf dem Feld gefunden oder in Kiesgruben gesammelt hat. So kommt er irgendwann zur **Geschiebekunde** – dem umfangreichen Wissenszweig, der umso interessanter wird, je mehr man sich mit ihm beschäftigt. Einen guten Einstieg bietet die **Gesellschaft für Geschiebekunde**. Sie führt Amateur- und Fachgeologen, Laien und Experten, Anfänger und Fortgeschrittene sowie natürlich Sammler jeden Alters zusammen. Dieser gemeinnützige Verein hat inzwischen über 20 Sektionen, verteilt auf ganz Norddeutschland.

Er bietet regelmäßige Vorträge, Exkursionen, Fachberatung, Bestimmung von Gesteinen und Fossilien sowie eine Vielzahl von Publikationen – alles Wissenswerte dazu unter **www.geschiebekunde.de**.

Bei den Vorträgen sind auch Nichtmitglieder willkommen. Dabei bietet sich auch Gelegenheit, Ansprechpartner für die Bestimmung der eigenen Funde zu finden.

Wertvolle geschiebekundliche Informationen bekommt man auch an manchen anderen Stellen – so in den zahlreichen **Findlingsgärten** (siehe vorhergehende Seite) und in naturkundlichen **Museen** (s. S. 78). Besonders interessant ist der **Geopark Mecklenburgische Eiszeitlandschaft**, der zu Exkursionen rund um Neubrandenburg einlädt – umfassende Informationen dazu unter **www.eiszeitgeopark.de**.

großes Foto:
Der Geschiebepark von Schwichtenberg gehört zum Geopark Mecklenburgische Eiszeitlandschaft.

kleines Foto:
Der „Lochstein“ am Geschiebepfad im Tierpark Stralsund blieb so erhalten, weil das Spalten missglückte. Er erinnert an die traditionsreiche Steinschlägerei.

MEHR WISSEN ÜBER GESCHIEBE

Museen & Ausstellungen

Öffentlich zugängliche Museen und Ausstellungen mit Präsentation zum Thema Geschiebe und regelmäßigen Öffnungszeiten:

MÜRITZEUM
Naturerlebniszentrum
Waren/Müritz
Tel: 03991/633680
www.mueritzeum.de

Schleswig-Holsteinisches Eiszeitmuseum
Lütjenburg
Tel. 04381/415210
www.eiszeitmuseum.de

Museum für Natur und Umwelt
Lübeck
Tel.0451/1224122
www.luebeck.de

Eiszeit-Haus Flensburg
Flensburg
Tel.0461/852504
www.flensburg.de

Geologisches Museum
Raben Steinfeld
Tel: 03860/247
www.geologisches-museum.de

Geologisch-paläontologisches Museum der Universität Hamburg
Tel. 040/428305009
www.uni-hamburg.de/geol_pal/museum.html

Eine umfassende Zusammenstellung aller entsprechenden Museen und Ausstellungen findet man unter www.strandsteine.de/Museen.htm.

Bücher & Links

Dieses Buch ist kein Bestimmungsbuch, sondern möchte Interessenten an das Thema heranführen. Wer seine Kenntnisse vertiefen möchte, findet eine Vielzahl von Büchern (auch antiquarische) zu diesem Thema unter **www.fossilbuch.de**.

Besonders empfehlenswert für den Geschiebesammler, sowohl im Binnenland, als auch am Ostseestrand sind:

WERNER SCHULZ: **Geologischer Führer für den norddeutschen Geschiebesammler.** – 507 S., ISBN 978-3-933781-31-4

SMED, P. & J. EHLERS: **Steine aus dem Norden** – Geschiebe als Zeugen der Eiszeit in Norddeutschland. – 194 S., 34 Farbtaf., 83 Abb. ISBN 978-3-443-01030-0

KURT HUCKE: **Einführung in die Geschiebeforschung** (Sedimentärgeschiebe). – 132 S., 50 Taf., 24 Abb. ohne ISBN

Auch in den Büchern des Autors
Steine am Ostseestrand
Kliff & Strand
Feuersteine Hühnergötter
findet man weitere Informationen zum Thema Eiszeit und Geschiebe.

UMGANG MIT GESCHIEBEN

Wer Geschiebe im Gelände sucht und findet, sollte daran denken, dass diese meist auf Privatgelände liegen. Alles, was sich dort befindet – ganz gleich, ob große Findlinge oder kleine interessante Objekte – gehört natürlich dem Grundstückseigentümer. In Kiesgruben zu sammeln, ist sicher am aussichtsreichsten; es bedarf aber stets der Zustimmung des Betreibers. Entsprechende Hinweisschilder sollte man unbedingt beachten.

Interessante Stücke beim Transport einfach zusammenzuwerfen, bringt wenig Freude. Obwohl steinhart, zerkratzen sich die Stücke gegenseitig. Verschmutzte und dadurch unansehnliche Stücke lassen sich mit Wasser gut säubern – kleinere mit der kräftigen Bürste, größere mit dem Hochdruckreiniger

Foto: Findlingsgrotte im Schweriner Schlossgarten, Mitte des 19. Jahrhunderts aus Geschieben errichtet.

AUTOR
und Mitarbeiterin

Seit vier Jahrzehnten sind sie gemeinsam unterwegs, um Eiszeitlandschaften zu entdecken und Geschiebe zu sammeln – der Autor **Rolf Reinicke** und seine Ehefrau **Inge Reinicke.** Sie sind dabei oft und weit gewandert, haben selbst erlebt, fotografiert und dokumentiert. Ungezählte Fotos und Funde brachten sie von ihren Wanderungen mit nach Hause, so auch fast alle, die man in diesem Buch findet.
Rolf Reinicke (geb. 1943) gilt als erfahrener Geologe und exzellenter Landschaftsfotograf. Für seine zahlreichen Bücher – auch für dieses – lieferte er Fotos und Texte. Seine Ehefrau hatte das Lektorat und zeichnete. Sohn **Matthias Reinicke**, Grafik-Designer, lebt und arbeitet heute in Victoria/BC (Kanada). Er steuerte die Grafiken bei.

Bücher
von Rolf Reinicke
im Demmler Verlag

Steine am Ostseestrand
4. Auflage 2009
ISBN 978-3-910150-75-1

Funde am Ostseestrand
2. Auflage 2011
ISBN 978-3-910150-76-8

Nordseefunde
1. Auflage 2010
ISBN 978-3-910150-85-0

Feuersteine Hühnergötter
2. Auflage 2010
ISBN 978-3-910150-78-2

Kliff & Strand
1. Auflage 2011
ISBN 978-3-910150-89-8

Mönchgut
1. Auflage 2011
ISBN 978-3-910150-92-8

Usedom
1. Auflage 2011
ISBN 978-3-910150-91-1

Fotos, Bücher und Vorträge
von Rolf Reinicke:
www.kuestenbilder.de